Paso a paso

La historia de la sal

Todo comienza con el mar

Lisa Owings

ediciones Lerner ◆ Mineápolis

ediciones Lerner
Una división de Lerner Publishing Group, Inc.
241 First Avenue North
Mineápolis, MN 55401, EE. UU.

Si desea averiguar acerca de niveles de lectura y para obtener más información, favor consultar este título en www.lernerbooks.com.

Créditos de las imágenes: @Michi B./Moment/Getty Images, p. 3; Malcolm MacGregor/Moment/Getty Images, pp. 5, 23 (mar); Federica Grassi/Moment Open/Getty Images, p. 7; David Toussaint/Moment Open/Getty Images, pp. 9, 23 (cristales); iStock/Getty Images, p. 11; IHervas/iStock/Getty Images, p. 13; Patrick BOX/Gamma-Rapho/Getty Images, pp. 15, 23 (fábrica); John Carey/Photolibrary/Getty Images, p. 17; JEAN-CHRISTOPHE VERHAEGEN/AFP/Getty Images, pp. 19. 23 (máquinas); Richard Levine/Alamy Stock Photo, p. 21; Image Source/Stockbyte/Getty Images, p. 22. Portada Tainar/iStock/Getty Images (agua); t_kimura/E+/Getty Images (sal).

Fuente del texto del cuerpo principal: Mikado Medium.
Fuente proporcionada por HVD Fonts.

Library of Congress Cataloging-in-Publication Data

Names: Owings, Lisa, author.
Title: La historia de la sal : todo comienza con el mar / Lisa Owings.
Other titles: Story of salt. Spanish
Description: Minneapolis : Ediciones Lerner, [2022] | Series: Paso a paso = Step by step | Translation of: The story of salt. | Includes bibliographical references and index. | Audience: Ages 4 -8 | Audience: Grades K -1 | Summary: "Salt is a popular seasoning for flavoring food. But how does it get from the sea to a salt shaker? See what happens step by step in the process of making salt. Now in Spanish!" –Provided by publisher.
Identifiers: LCCN 2021021678 (print) | LCCN 2021021679 (ebook) | ISBN 9781728441986 (lib. bdg.) | ISBN 9781728447810 (pbk.) | ISBN 9781728444062 (eb pdf)
Subjects: LCSH: Salt–Juvenile literature. | Sea salt–Juvenile literature. | Seawater–Juvenile literature. | Salt industry and trade–Juvenile literature.
Classification: LCC TN900 .O9518 2021 (print) | LCC TN900 (ebook) | DDC 664.4–dc23

Fabricado en los Estados Unidos de América
1-49953-49796-6/14/2021

¡La sal le da sabor a nuestra comida!

¿Cómo se hace la sal?

La sal viene del mar.

La sal del mar se bombea en estanques.

Se forman los cristales de la sal.

Los trabajadores recogen la sal.

Los camiones llevan la sal a la fábrica.

CAT

La sal se lava
y se seca.

Se selecciona la sal.

Las máquinas empaquetan la sal.

La gente compra la sal.

HAIN
PURE FOODS
IODIZED
SEA SALT
THIS SALT SUPPLIES IODIDE, A NECESSARY NUTRIENT
FROM A NATURAL SOURCE
MADE FROM
EVAPORATED SEA WATER
NET WT 26 OZ (1 LB 10 OZ) 737g
VALUE BOX
Domino

¡A comer!

Glosario con imágenes

cristales

fábrica

máquinas

mar

Otros títulos

Perish, Patrick. *Crystals*. Minneapolis: Bellwether Media, 2020.

Rivera, Andrea. *Minerals*. Minneapolis: Abdo, 2018.

Vilardi, Debbie. *Why Is the Ocean Salty?* Minneapolis: Pop!, 2019.

Índice

camión, 12
cristal, 8
fábrica, 12
máquina, 18
mar, 4
trabajador, 10